"安康杯"竞赛知识
50问

任国友 ◎ 主编

中国工人出版社

前言
PREFACE

"安康杯"竞赛是新时代劳动与技能竞赛的重要组成部分,其竞赛的目的是通过竞赛安全生产管理、领导者安全生产意识、职工安全生产知识水平和能力、安全生产各项指标等,不断推进企事业单位的安全生产工作和安全文化建设,不断扩大社会影响,增强全民安全生产意识,最终降低各类事故的发生率和各类职业病的发病率,也是基层联系广大职工群众抓安全生产,强化安全生产红线意识,落实安全生产责任,树立安全发展理念,推进企业安全生产教育和安全文化建设,提高职工群众安全生产素质,保障职工权益的重要载体和平台。

为了帮助广大职工全面了解"安康杯"竞赛,全面贯彻"安全第一、预防为主、综合治理"的方针,提高广大职工安全生产、职业卫生和应急管理知识水平,增强自我保护意识,我们组织工会和安全生产领域的专家,对最具有代表性的50个问题进行了专业解答,并集结成此书。

本书内容涉及了广大基层职工参加新时代"安康杯"竞赛所需的五个方面知识:一是认识"安康杯"竞赛;二是职业安全基本知识;三是职业健康基本知识;四是应急管理基本知识;五是职工安全健康基本权益。通过阅读此书,可以使职工系统了解企业安全生产和应急管理的基本知识,从而提升参加"安康杯"竞赛的能力和素质,实现"人人懂安全、人人会安全、人人能安全"的竞赛目标。

本书由任国友、王永柱、窦培谦、杨鑫刚、胡广霞联合编写。

目录
CONTENTS

第一章 认识"安康杯"竞赛

01："安康杯"竞赛是一个什么样的竞赛？… 3
02：举办"安康杯"竞赛的目的是什么？…… 4
03："安康杯"竞赛的主题要求有哪些？…… 5
04：职工为什么要了解"安康杯"竞赛考核标准？……………………………………… 6
05：当前"安康杯"竞赛有哪些鲜明特点？… 7
06：职工参与班组"安康杯"竞赛的重要意义是什么？………………………………… 8
07："安康杯"竞赛在安全生产工作中的重要地位和作用是什么？………………… 9

08：企业开展"安康杯"竞赛的基本程序是什么？ ………… 10
09：工会组织"安康杯"竞赛的基本原则有哪些？ ………… 11
10："安康杯"竞赛品牌文化的基本功能有哪些？ ………… 12

第二章 职业安全基本知识

11：如何认识安全生产方针？ ………… 15
12：安全生产"三问"工作制是什么？ …… 16
13：企业安全生产教育的任务是什么？ …… 17
14：企业安全检查发现的不能立即整改的隐患应如何处理？ ………… 18
15：特种作业人员是指哪些工种？ ………… 19
16：为什么要推进安全生产责任保险？ …… 20
17："管""监"责任落实与构建双重预防机制有什么样的内在联系？ ………… 21

18. 违法分包会导致巨大安全隐患，哪些行为属于违法分包？ ········· 22
19. 工会应如何使用安全生产监督权，维护从业人员安全生产的权利和义务？ ········· 23
20. 安全生产检查整改应注意什么？ ········· 24

第三章　职业健康基本知识

21. 哪些人需要做职业健康检查？ ········· 27
22. 确诊的职业病病人享受什么待遇？ ········· 28
23. 劳动过程中的作业场所管理包括哪些内容？ ········· 29
24. 高温作业的主要危害有哪些？ ········· 30
25. 噪声的危害有哪些？ ········· 31
26. 常见的电磁辐射有哪些，对人体的危害是什么？ ········· 32
27. 粉尘对健康有什么重要影响？ ········· 33
28. 生产性毒物进入人体的途径有哪些？ ········· 34

29：常见的劳动防护用品有哪些？ ……………… 35
30：劳动防护用品使用注意事项有哪些？ … 36

第四章 应急管理基本知识

31：应急管理中政府的责任和公众的权利、义务是什么？ ………………………… 39
32：什么是突发事件？ …………………………… 40
33：什么是应急管理的四个阶段？ …………… 41
34：什么是生产经营单位的应急预案？ ……… 42
35：基本应急培训的内容有哪些？ …………… 43
36：什么是应急演练，其意义有哪些？ ……… 44
37：突发事件预警级别是什么？ ……………… 45
38：什么是应急避难场所？ …………………… 46
39：常见的气象灾害预警信号有哪些？ ……… 47
40：常用紧急报警求助电话都有哪些？ ……… 48

第五章 职工安全健康基本权益

41：劳动者享有哪些权利，承担哪些义务？
  ··· 51
42：从业人员在安全生产方面有哪些权利和义务？ ··· 52
43：劳动者依法享有的职业卫生保护权利有哪些？ ··· 53
44：劳动者和用人单位签订劳动合同时，劳动合同应具备哪些内容？ ····················· 54
45：劳动者是否可以单方解除劳动合同？ ··· 55
46：劳动者享有的休息权包括哪些内容？ ··· 56
47：用人单位是否要为劳动者缴纳社会保险费用？ ··· 57
48：加班加点工资应怎样计算？ ··············· 58
49：什么是女职工的"四期"保护？ ·········· 59
50：如何认定职工工伤？ ························ 60

第一章 认识"安康杯"竞赛

01 "安康杯"竞赛是一个什么样的竞赛？

"安康杯"是取"安全"和"健康"之意而设立的安全生产荣誉奖杯。"安康杯"竞赛，顾名思义也就是把竞争机制、奖励机制、激励机制应用于安全生产活动中的群众性"安全"与"健康"竞赛，它是社会主义劳动竞赛在安全生产工作中的具体应用、实践和延伸。"安康杯"竞赛活动是20世纪80年代中期由内蒙古自治区包头市总工会等单位首创，经实践不断完善，而后逐步在内蒙古自治区全区推开的。1998年，中华全国总工会和原国家经贸委在总结内蒙古自治区开展"安康杯"竞赛活动经验的基础上，对这种活动形式给予了充分的肯定，并在进一步完善和充实活动内容、形式的基础上于全国逐步展开。

02 举办"安康杯"竞赛的目的是什么？

举办"安康杯"竞赛的目的是通过竞赛安全生产管理、领导者安全生产意识、职工安全生产知识水平和能力、安全生产各项指标等，不断推进企事业单位的安全生产工作和安全文化建设，不断扩大社会影响，增强全民安全生产意识，最终降低各类事故的发生率和各类职业病的发病率。为了吸引广大职工积极参与"安康杯"竞赛，深入理解"安全第一、预防为主、综合治理"的安全生产方针，不同类型的企业在举办"安康杯"竞赛的形式和内容上是不一样的，但竞赛的目的是一样的。

"安康杯"竞赛的主题要求有哪些？

"安康杯"竞赛的主题是依据当时安全生产工作中的主要问题，并结合工会工作的特点确立的。为使竞赛活动取得实效，竞赛主题在时间跨度上保持了相对稳定。以全国"安康杯"竞赛活动为例，每期活动始终把增强企业管理人员安全生产意识，提高广大职工安全生产知识和自我保护能力作为竞赛主题。这一主题的确立，既抓住了当前我国安全生产工作的突出问题，又符合发挥工会组织的特点和作用，因此，深受企业管理者和职工的欢迎。"安康杯"竞赛活动中主题的确立，符合安全生产的实际情况，对开展好竞赛活动非常重要。因此，在每年活动之初，活动组织者都要根据当时安全生产工作的情况和上一年度的竞赛效果，及时确立新一年度的竞赛主题。

04 职工为什么要了解"安康杯"竞赛考核标准？

"安康杯"竞赛考核标准是依据各行业的安全生产管理特点和伤亡事故及职业病控制水平等综合因素制定的。这个标准比较客观地反映了某一行业的安全生产管理水平及对事故和职业病的控制能力。如果一个企业能达到这一标准，也就跨入了国内同行业的安全生产先进行列。但"安康杯"竞赛毕竟是一项活动，为吸引各行各业的职工积极参加这一活动，竞赛标准又不能高不可攀，故在标准的制定上留有余地。

05 当前"安康杯"竞赛有哪些鲜明特点?

"安康杯"是团结动员广大职工为全国安全生产形势持续稳定好转建功立业而开展的竞赛活动,参与人数众多,都是围绕着职工应知应会的安全生产知识出题,组织广大职工参加竞赛。"安康杯"竞赛具有参赛范围广泛、竞赛主题鲜明,突出寓教于乐,注重推广经验的特征。各企业通过运用典型引路,带动竞赛工作,这些经验的总结和推广对推动全国"安康杯"竞赛活动起到了重要作用。

06 职工参与班组"安康杯"竞赛的重要意义是什么?

班组是现代企业的细胞,是现代企业管理的重要组成部分,是企业的最前沿阵地。班组长作为班组的直接领导者,处在兵头将尾的特殊位置,是连接企业中层管理与员工的桥梁,发挥作用的空间日益广阔。当今社会已进入学习型时代,在激烈的市场竞争中,越来越多的企业领导者意识到:企业核心竞争力归根结底是以班组的工作绩效为依托,以班组的实践能力为基础,优秀班组建设是提升企业市场竞争力和管理效率的重要部分,优秀的班组长是企业不可或缺的人力资源。班组"安康杯"建设的关键人物是班组长,也是企业"安康杯"竞赛开展好与坏的基础。

"安康杯"竞赛在安全生产工作中的重要地位和作用是什么？

"安康杯"竞赛开办以来，进一步发挥了广大职工群众在安全生产和职业病防治工作中的作用，降低了事故发生率，推动了安全生产和职业病防治形势持续稳定好转。组织广大职工参加"安康杯"应了解竞赛的四个重要作用。第一，应充分认识"安康杯"竞赛活动在安全生产工作中的地位和作用。第二，明确针对当前安全生产工作中出现的突出和难点问题，及时调整"安康杯"竞赛活动重点。第三，应充分发挥"安康杯"竞赛载体的作用，把职工培训教育、创建安全合格班组、企业安全文化建设等活动逐步纳入"安康杯"竞赛活动。第四，应在认真总结活动经验的基础上，开展各种形式的安全文化活动，充实竞赛内容。

08 企业开展"安康杯"竞赛的基本程序是什么?

第一步,制定竞赛方案。组织劳动竞赛首先要确定目标、内容、条件,选择竞赛形式,形成竞赛方案。

第二步,进行宣传动员。要将竞赛方案交给职工群众充分讨论,并利用各种宣传媒体和形式,宣传竞赛的意义、目的和方法,做好思想动员,形成竞赛声势和氛围。

第三步,组织实施竞赛。在组织竞赛的过程中,要加强过程管理,做好竞赛的统计,严格考核,及时公布竞赛的情况和成绩。

第四步,竞赛总结评比。竞赛目标实现后,要进行自下而上职工群众性的总结评比,表彰先进、树立典型、推广经验。

09 工会组织"安康杯"竞赛的基本原则有哪些?

工会结合企业开展"安康杯"竞赛,必须坚持群众性原则、系统性原则和实事求是原则。群众性是劳动竞赛的本质特征,也是工会组织劳动竞赛必须遵循的首要原则。组织劳动竞赛是一个系统工程,它在横向上涉及多种因素、多个方面;在纵向上涉及多个环节、多个层次;在顺序上涉及多个阶段和由多个阶段组成的完整过程。工会组织劳动竞赛必须实事求是,不能不切实际或搞形式主义,追求虚假的轰动效应,只有科学求实地组织竞赛,才能真正吸引职工群众参与。

❿ "安康杯"竞赛品牌文化的基本功能有哪些?

"安康杯"竞赛品牌文化集中反映了职工的共同价值观,体现了企业所追求的目标,因而具有强大的感召力,广大职工在参与过程中会逐步认识到竞赛的五个功能,即导向功能、凝聚功能、激励功能、辐射功能和推动功能。"安康杯"竞赛会成为职工提升技能素质的品牌文化,也可以推动品牌经营长期发展,"安康杯"竞赛品牌文化就像一种强力黏合剂,从各个方面、各个层次把全体员工紧密地联系在一起,使他们同心协力,为实现企业的目标和理想而奋力进取。

第二章 职业安全基本知识

⑪ 如何认识安全生产方针？

"安全第一、预防为主、综合治理"的安全生产方针是一个有机统一的整体。安全第一是预防为主、综合治理的统帅和灵魂，没有安全第一的思想，预防为主就失去了思想支撑，综合治理就失去了整治依据。预防为主是实现安全第一的根本途径。只有把安全生产的重点放在建立事故隐患预防体系上，超前防范，才能有效减少事故损失，实现安全第一。综合治理是落实安全第一、预防为主的手段和方法。只有不断健全和完善综合治理工作机制，才能有效贯彻安全生产方针，真正把安全第一、预防为主落到实处，不断开创企业安全生产工作的新局面。

⑫ 安全生产"三问"工作制是什么？

安全生产"三问"工作制，即专家问诊、跟踪问效、行政问责制度。通过"三问"制度，能有效规范各级安全生产管理工作行为，提升各级安全生产管理的工作责任能力，有效促进各级安全生产管理工作更上台阶。其中专家问诊，是指专家通过对企业安全生产设备设施运行或安全生产现场管理的系统询问获取隐患资料，并经过综合分析后作出安全生产现状以及其他安全判断的一种诊断方法；跟踪问效，是指上一级对下一级的工作要及时督促、检查，每一个项目或每一项工作情况都要一追到底、一问到底；行政问责，是指问责主体对其管辖范围内各级组织和成员承担安全生产职责和义务的履行情况，实施并要求其承担否定性后果的一种责任追究制度。

13 企业安全生产教育的任务是什么？

企业安全生产教育的任务是努力提高职工队伍的安全素质，提高广大职工对安全生产重要性的认识，增强其安全生产责任感，提高广大职工遵守规章制度和劳动纪律的自觉性，增强其对安全生产的法制观念，提高广大职工的安全技术知识水平、熟练掌握安全技术要求的程度和预防、处理事故的能力。企业需要根据自身的特有条件，探索适合本企业教育的内容和方法，如探讨劳动环境所引起的生理心理障碍，工作时间、组织、制度等不合理因素以及引起疲倦直至发生事故的原因，并进行针对性的预防教育。此外，也可通过安全案例及信息收集、消化，对职工进行安全教育，做到防微杜渐。

⑭ 企业安全检查发现的不能立即整改的隐患应如何处理?

要按照安全级别来分别处理。若企业安全检查发现的不能立即整改的隐患为高级别的安全等级,应当立即停产整改,待验收合格后,方可恢复生产。若企业安全检查发现的不能立即整改的隐患为低级别的安全等级,应当限期整改,待验收合格后,方可恢复生产。无论何种安全级别,对查出隐患不能立即整改的,要建立、登记整改检查制度。要制订整改计划,定人、定措施、定经费、定完成日期。在隐患消除前,必须采取可靠的防护措施,如有危及人身安全的紧急险情,应立即停止作业。

15 特种作业人员是指哪些工种？

特种作业是指容易发生人员伤亡事故，对操作者本人、他人及周围设施的安全可能造成重大危害的作业。特种作业人员是指直接从事特种作业的从业人员，包括电工、焊接与热切割、高处作业、制冷与空调作业、煤矿安全作业、金属与非金属矿山安全作业、石油天然气安全作业、冶金（有色）生产安全作业、危险化学品安全作业、烟花爆竹安全作业等类别。特种作业人员应当接受与其所从事的特种作业相应的安全技术理论培训和实际操作培训。特种作业人员必须经专门的安全技术培训并考核合格，取得特种作业操作证后，方可上岗作业。

16 为什么要推进安全生产责任保险？

生产安全事故一旦发生，往往令企业猝不及防，严重影响企业的正常生产经营活动，企业在承担生命财产直接损失的同时，还需承受事故停工造成的间接损失，有的中小企业甚至会因此产生企业资金链断裂、生产经营活动难以为继的情况。推行安全生产责任保险工作，借助保险公司这支社会力量参与安全监管，就是为了强化事前风险防范，促使企业落实安全生产主体的安全责任，加大安全生产投入，加强安全生产管理工作，及时消除事故隐患，预防和减少各类生产安全事故的发生，减少企业因发生事故带来的经济损失，减轻政府的社会保障负担。推进安全生产责任保险对于促进安全生产形势的进一步稳定好转和安全监管模式的创新，具有十分重要的意义。

"管""监"责任落实与构建双重预防机制有什么样的内在联系？

风险分级管控是企业落实主体责任的源头，是预防事故发生的第一道防线；隐患排查治理、作业现场纠偏是预防事故的"阵地战"和"贴身战"，是第二道防线。在建筑施工企业和项目层面，构建双重预防工作机制的核心与"管""监"责任落实是一脉相承的："管"在先，重在风险管控，岗位达标，是第一位的，是安全质量的基础；"监"在后，重在隐患排查，纠偏治理，是第二位的，是防范安全质量事故的最后一道屏障。"管""监"双轮驱动、互为补充、两翼齐飞是双重预防工作机制在企业贯彻落实的核心要义。

18 违法分包会导致巨大安全隐患，哪些行为属于违法分包？

工程经过层层分包之后，承包人的利润空间会越来越小，在这种情况下，承包人在安全管理上的投入也会大打折扣，这样必然会在工程施工现场出现安全措施落实不到位、安全责任不明确的现象，这时违规现象就会频频发生，从而为工程施工带来极大的安全隐患，甚至会出现重大的安全事故。因此，必须严厉打击违法分包。常见的违法分包行为有：总承包单位将建设工程分包给不具备相应资质条件的单位；建设工程总承包合同中未有约定，又未经建设单位认可，承包单位将其承包的部分建设工程交由其他单位完成；施工总承包单位将建设工程主体结构的施工分包给其他单位；分包单位将其承建的建设工程再分包。

19 工会应如何使用安全生产监督权，维护从业人员安全生产的权利和义务？

对于企业的安全生产工作而言，工会承担着安全立法推动者、安全生产监督者等角色。工会安全监督职能的发挥，会促使企业更加重视安全生产的立法和企业内部管理制度的建设，从而更好地保证企业安全生产目标的实现。工会主要通过以下方式维护从业人员安全生产的权利和义务：工会对生产经营单位违反安全生产法律、法规，侵犯从业人员合法权益的行为，有权要求纠正；发现生产经营单位违章指挥、强令冒险作业或者发现事故隐患时，有权提出解决的建议，生产经营单位应当及时研究答复；发现危及从业人员生命安全的情况时，有权向生产经营单位建议组织从业人员撤离危险场所，生产经营单位必须立即做出处理。

20 安全生产检查整改应注意什么？

在企业生产中，加强和规范安全管理中的安全检查与隐患整改，是防止和减少物的不安全状态和人的不安全行为，保障企业员工安全与健康的重要手段。为保证安全生产检查整改效果，充分发挥安全生产检查整改在隐患排查、治理双重预防机制建设和安全风险防控体系中的作用，需要注意如下事项：安全生产检查整改要实行"三定"（定整改项目、定完成时间、定整改负责人）和"三不交"（班组能整改的不交车间；车间能整改的不交厂部；厂部能整改的不交上级主管部门）；对暂时不能整改的项目，除采取可靠的临时性防护措施外，要分别纳入安全措施、技术措施、大检修内限期解决；在安全检查手段上还应注意，采用先进的安全检查仪器并推行先进的检查方法。

第三章 职业健康基本知识

哪些人需要做职业健康检查？

上岗前进行职业健康检查的目的：检查劳动者有无职业禁忌症，评价劳动者是否适合从事该工种作业，为劳动者的岗位安排提供依据。下列人员需要做上岗前职业健康检查：新录用人员、交换工作岗位人员、交换工作内容的人员、从事有特殊健康要求作业的人员。

在岗期间职业健康检查的目的：早期发现职业病病人或疑似职业病病人或劳动者的其他健康异常变化；及时发现有职业禁忌的劳动者；通过动态观察劳动者群体健康变化，评价工作场所职业病危害因素的控制效果。

离岗时职业健康检查的目的：离岗前90天内的健康检查可视为离岗时的健康检查。

离岗后职业健康检查的目的：如果劳动者接触的职业病危害因素具有慢性健康影响，或者发病有较长的潜伏期，在脱离接触后仍有可能发生职业病的，需要进行医学随访检查。

确诊的职业病病人享受什么待遇?

职业病是指企业、事业单位和个体经济组织等用人单位的劳动者在职业活动中,因接触粉尘、放射性物质及其他有毒和有害因素而引起的疾病。劳动者被诊断为职业病,依照《中华人民共和国职业病防治法》(以下简称《职业病防治法》)和《中华人民共和国工伤保险条例》(以下简称《工伤保险条例》)的规定,享受相应的待遇。所在单位参加了工伤保险的,分别由工伤保险基金和用人单位支付相应费用;未参加工伤保险的,其费用由用人单位支付。用人单位已经不存在或者无法确认劳动关系的职业病病人,可以向地方人民政府申请医疗救助和生活等方面的救助。

劳动过程中的作业场所管理包括哪些内容?

劳动过程中的作业场所管理包括：职业病危害因素的强度或者浓度应符合国家职业卫生标准要求；生产布局合理；有害作业与无害作业分开；在可能发生急性职业损伤的有毒有害作业场所设置报警装置；在可能发生急性职业损伤的有毒有害作业场所配置现场急救用品；在可能发生急性职业损伤的有毒有害作业场所设置冲洗设备；对于可能发生急性职业损伤的有毒有害作业场所，应设应急撤离通道；在可能发生急性职业损伤的有毒有害作业场所应设必要的泄险区；放射作业场所应设报警装置；放射性同位素在运输、储存时应配置报警装置；一般有毒作业设置黄色区域警示线；高毒作业场所设置红色区域警示线；高毒作业应设淋浴间、更衣室、物品存放专用间，还应为女工设冲洗间。

高温作业的主要危害有哪些？

高温作业是在高气温，或有强烈的热辐射，或伴有高气湿相结合的异常作业条件下，湿球黑球温度指数（WBGT指数）超过规定限值的作业。高温天气是指地市级以上主管部门所属气象台站向公众发布的日最高气温35摄氏度以上的天气。高温天气作业是指用人单位在高温天气期间安排劳动者在高温自然气象环境下进行的作业。

在高温条件下作业，主要的生理功能改变为体温调节、水盐代谢、血液循环、泌尿、消化系统变化。主要表现为体温调节功能失调、水盐代谢紊乱、血压下降，严重时可导致心肌损伤、肾脏功能下降。同时高温作业可引起职业中暑。

噪声的危害有哪些?

在生产过程中,由于机器转动、气体排放、工件撞击与摩擦所产生的噪声,称为生产性噪声或工业噪声。可归纳为以下三类:一是空气动力噪声。由于气体压力变化引起气体扰动,气体与其他物体相互作用所致。二是机械性噪声。由于机械撞击、摩擦或质量不平衡旋转等机械力作用下引起固体部件振动所致。三是电磁噪声。由于磁场脉冲,磁致伸缩引起电气部件振动所致。

因长时间接触噪声导致听阈升高,不能恢复到原有水平的,称为永久性听力阈移,临床上称为噪声聋。职业噪声还具有听觉外效应,可引起人体其他器官或机能异常。

26 常见的电磁辐射有哪些，对人体的危害是什么？

常见的电磁辐射主要包括：一是高频作业辐射。主要是高频感应加热，如金属的热处理、表面淬火、金属熔炼、热轧及高频焊接等，这些不会导致人体组织器官的器质性损伤，主要引起功能性改变，并具有可逆性。二是红外线辐射。白内障是长期接触红外辐射而引起的常见职业病，职业性白内障已列入我国职业病名单。三是紫外线辐射。紫外线作用于皮肤能引起红斑反应，强烈的紫外线辐射可引起皮炎，在作业场所比较多见的是紫外线对眼睛的损伤，即电光性眼炎。四是激光辐射。激光对健康的影响主要由其热效应和光化学效应造成。受到激光意外伤害后，除个别人会发生永久性视力丧失外，多数人经治疗均有不同程度的恢复。

粉尘对健康有什么重要影响？

职业活动中长期吸入生产性粉尘能引起严重的职业病——尘肺，尘肺分为六类：矽肺、硅酸盐肺、炭尘肺、金属尘肺、混合性尘肺、有机尘肺。矽肺是尘肺中最常见、进展最快、危害最严重的一种类型，是由于长期吸入大量游离二氧化硅粉尘所引起的。矽肺的发生和发展与从事接触矽尘作业的工龄、粉尘中游离二氧化硅的含量、二氧化硅的类型、生产场所粉尘浓度和分散度、防护措施以及个体条件等有关。劳动者一般在接触矽尘 5~10 年后才发病，有的潜伏期可长达 15~20 年。接触游离二氧化硅含量高的粉尘，也有 1~2 年就发病的。生产性粉尘引起的职业病中，以尘肺最为严重。

28 生产性毒物进入人体的途径有哪些？

生产性毒物进入人体的途径有三种，分别是通过呼吸道、皮肤和消化道。其中最主要的途径是经呼吸道进入人体，凡是以气体、蒸汽、雾、烟、粉尘形式存在的毒物，均可经呼吸道侵入人体内。人的肺脏由亿万个肺泡组成，肺泡壁很薄，壁上有丰富的毛细血管，毒物一旦进入肺脏，很快就会通过肺泡壁进行血液循环并被运送到全身。其次是经皮肤进入人体，当人皮肤有损伤或有皮肤病时，毒物更容易通过皮肤进入人体，促进毒物经皮肤吸收。毒物经皮肤吸收后，并不经过肝脏转化、解毒，而是直接进入血液循环而分布于全身。经消化道进入人体的，仅在特殊的情况下发生。

常见的劳动防护用品有哪些？

劳动防护用品是在生产、工作和生活中为防御物理、化学、生物等有害因素伤害人体而穿用配备的各种防护用品的总称。某些作业环境中的危害因素在现有的技术条件下不能通过工程技术措施控制；或者工程技术措施效果不佳，还不能消除生产中的危险和有害因素，达不到国家标准和有关规定。在不能采取安全有效的技术措施时，佩戴个体防护装备就成为防御外来伤害，保证个人安全和健康的唯一手段。劳动保护用品一般分为安全帽类、呼吸护具类、眼防护具、听力护具、防护鞋、防护手套、防护服、防坠落护具、护肤用品。

30 劳动防护用品使用注意事项有哪些?

生产经营单位应当安排专项经费用于配备劳动防护用品,不得以货币或者其他物品替代;用人单位使用的劳务派遣工、实习学生应当纳为本单位人员进行统一管理,并配备相应的劳动防护用品;对处于作业地点的其他外来人员,必须按照与进行作业的劳动者相同的标准,正确佩戴和使用劳动防护用品;用人单位应确保劳动防护用品的质量,并督促劳动者在使用劳动防护用品前,对劳动防护用品进行安全检查;劳动防护用品应当按照要求妥善保存、及时更换、定期发放,公用的劳动防护用品应当由车间或班组统一保管,并对应急劳动防护用品进行经常性的维护、检修,定期检测劳动防护用品的性能和效果,保证其完好有效。

第四章 应急管理基本知识

应急管理中政府的责任和公众的权利、义务是什么?

政府在应急管理中,需要动员一切必要的社会资源应对突发公共事件;保护包括经济安全、生态安全、能源安全等在内的国家安全;维护社会稳定和公众利益;公开应急管理信息,保证公众的知情权;降低社会危害、开展危机教育,体现政府人文关怀。

公众在应急管理中,享有法律规定的基本公民权、知情权、监督权、紧急救助请求权、复议申请或提起行政诉讼权、补偿请求权等权利;有参与和协助政府开展突发公共事件应急处置的义务。

什么是突发事件?

突发事件是指突然发生,造成或者可能造成严重社会危害,需要采取应急处置措施予以应对的自然灾害、事故灾难、公共卫生事件和社会安全事件。突发事件有四个方面的含义。一是事件的突发性。事件发生突然,难以预料。二是事件的严重性。事件造成或者可能造成严重社会危害。三是事件的紧急性。事件需要采取应急措施予以应对,否则将出现严重后果。四是事件的类别性。我国把各种突发事件划分为自然灾害、事故灾难、公共卫生事件和社会安全事件四类,从而有利于事件的分类管理。

什么是应急管理的四个阶段?

按照突发事件的发生、发展规律,完整的应急管理过程应包括预防、准备、响应和恢复四个阶段,分别发生在突发事件的事前、事发、事中和事后,形成一个闭合的循环过程。其中,每一个阶段都要求采取有力的应急管理措施,尽可能地减少突发事件的发生,控制突发事件的升级和扩大。预防阶段的主要工作内容为危险源辨识、风险评价、风险控制等。准备阶段的主要工作内容为预案编制、建立预警系统、进行应急培训和应急演练等。响应阶段的主要工作内容为情况分析、预案实施、展开救援行动、进行时态控制等。恢复阶段的主要工作内容为影响评估、清理现场、常态恢复、预案评审等。

34 什么是生产经营单位的应急预案？

应急预案是对突发公共事件应对的原则性方案，它提供了突发公共事件处置的基本原则，是突发公共事件应急响应的操作指南。突发公共事件应急预案体系是由总体应急预案、专项应急预案、部门应急预案、地方应急预案、企事业单位应急预案、重大活动应急预案六大类构成的。生产经营单位的应急预案体系主要由综合应急预案、专项应急预案和现场处置方案构成。生产经营单位应根据有关法律、法规和相关标准，结合本单位组织管理体系、生产规模和可能发生的事故特点，科学合理地确立本单位的应急预案体系，并注意与其他类别应急预案相衔接。

基本应急培训的内容有哪些?

基本应急培训是指对参与应急行动所有相关人员进行的最低程度的应急培训,要求应急人员了解和掌握如何识别危险、如何采取必要的应急措施、如何启动紧急警报系统、如何安全疏散人群等基本操作,尤其是火灾应急培训以及危险物质事故应急的培训,因为火灾和危险品事故是常见的事故类型。所以培训中要加强与灭火操作有关的训练,强调危险物质事故的不同应急水平和注意事项等内容。

36 什么是应急演练,其意义有哪些?

应急演练是在事先虚拟的事件(事故)条件下,应急指挥体系中各个组成部门、单位或群体的人员针对假设的特定情况,执行实际突发事件发生时各自职责和任务的排练活动,简单地讲就是一种模拟突发事件发生的应对演习。实践证明,应急演练能在突发事件发生时有效减少人员伤亡和财产损失,迅速从各种灾难中恢复正常状态。这里需要指出的是,应急演练不完全等于应急预案演练,由于应急演练一般都需要事前做出计划和方案,因此应急演练在某种意义上也可以说是应急预案演练,但这个"预案"还包括了临时性的策划、计划和行动方案。应急演练具有增强应对突发事件风险意识、检验应急预案效果的可操作性、提升突发事件应急反应能力的重要意义。

突发事件预警级别是什么?

可以预警的自然灾害、事故灾难和公共卫生事件的预警级别,按照突发事件发生的紧急程度、发展势态和可能造成的危害程度分为一级、二级、三级和四级,分别用红色、橙色、黄色和蓝色标示,一级为最高级别。突发事件预警信息通过手机短信、手机 App、互联网、广播、电视、报纸、户外媒体等多种渠道发布。宣布进入预警期后,各级人民政府应当根据预警级别采取相应的应急措施。

什么是应急避难场所?

应急避难场所是为应对突发性自然灾害和事故灾难等,用于临灾时或灾时、灾后人员疏散和避难生活,具有应急避难生活服务设施的一定规模的场地和按应急避难防灾要求新建或加固的建筑。在避难场所、关键路口等都会设置醒目的应急避难场所标志,帮助居民快速找到避难场所。应急避难场所标志包括主标志、设施标志、指示标志、指路标志。

常见的气象灾害预警信号有哪些？

气象灾害预警信号，是指各级气象主管机构所属的气象台站向社会公众发布的预警信息。气象灾害预警信号由名称、图标、标准和防御指南组成，分为台风、暴雨、暴雪、寒潮、大风、沙尘暴、高温、干旱、雷电、冰雹、霜冻、大雾、霾、道路结冰等。气象灾害预警信号的级别依据气象灾害可能造成的危害程度、紧急程度和发展态势一般划分为四级：Ⅳ级（一般）、Ⅲ级（较重）、Ⅱ级（严重）、Ⅰ级（特别严重），依次用蓝色、黄色、橙色和红色表示，同时以中英文标识。

㊵ 常用紧急报警求助电话都有哪些？

全国统一的紧急报警电话：公安报警电话110，火警报警电话119，医疗求助急救电话120，交通事故报警电话122，可在任何地域免费直接拨打，各报警服务台统一受理广大群众的危急求助报警、举报投诉和查询。如遇突发情况无法拨通紧急报警电话时，可以通过一些常见的求救信号来获得救助。求救信号主要有信息信号、旗语信号、反光信号、声音信号、浓烟信号和火光信号等几种方式。

第五章

职工安全健康基本权益

41 劳动者享有哪些权利，承担哪些义务？

劳动者的权利和义务是《中华人民共和国劳动法》（以下简称《劳动法》）中最核心的问题，具有十分重要的地位和作用。根据《劳动法》有关规定，劳动者享有以下权利：劳动者享有平等就业和选择职业的权利；取得劳动报酬的权利；休息休假的权利；获得劳动安全卫生保护的权利；接受职业技能培训的权利；享受社会保险和福利的权利；提请劳动争议处理的权利；劳动者还享有法律规定的其他劳动权利。

劳动者的权利和义务具有一致性和对应性。劳动者在享有劳动权利的同时应当履行以下义务：完成劳动任务；提高职业技能的义务；执行劳动安全卫生规程的义务；遵守劳动纪律和职业道德的义务。

从业人员在安全生产方面有哪些权利和义务？

劳动者在安全生产方面的权利主要有：劳动合同保障权，知情权和建议权，批评、检举、控告权和拒绝权，紧急处置权，赔偿权。劳动者在安全生产方面的义务主要有：落实岗位安全责任和服从安全管理；接受安全生产教育和培训的义务；事故隐患和不安全因素的报告义务。劳动者是生产经营单位中从事生产经营活动的主体，按照法律的规定，应当受到劳动保护，同时应当遵守法律、法规和生产经营单位的规章制度，履行安全生产义务。这是保证生产经营单位安全生产的重要方面。

43 劳动者依法享有的职业卫生保护权利有哪些?

劳动者依法享有的职业卫生保护权利主要有：获得职业卫生教育、培训机会；获得职业健康检查、职业病诊疗与康复等职业病防治服务；了解工作场所产生或者可能产生的职业病危害因素、危害后果和应当采取的职业病防护措施；要求用人单位提供符合防治职业病要求的职业病防护设施和个人使用的职业病防护用品，改善工作条件；对违反职业病防治法律、法规以及危及生命健康的行为提出批评、检举和控告；拒绝违章指挥和被强令进行没有职业病防护措施的作业；参与用人单位职业卫生工作的民主管理，对职业病防治工作提出意见和建议。

44 劳动者和用人单位签订劳动合同时，劳动合同应具备哪些内容？

根据《中华人民共和国劳动合同法》（以下简称《劳动合同法》）有关规定，劳动合同应当具备以下条款：用人单位的名称、住所和法定代表人或者主要负责人；劳动者的姓名、住址和居民身份证或者其他有效身份证件号码，劳动合同期限，工作内容和工作地点，工作时间和休息休假，劳动报酬，社会保险，劳动保护，劳动条件和职业危害防护以及法律、法规规定应当纳入劳动合同的其他事项。劳动合同除前面规定的必备条款外，用人单位与劳动者可以约定试用期、培训、保守秘密、补充保险和福利待遇等其他事项。

45 劳动者是否可以单方解除劳动合同？

劳动合同可以双方协商解除，也可以单方解除。根据《劳动合同法》的规定，劳动者提前30日以书面形式通知用人单位，或者劳动者在试用期内提前3日通知用人单位，可以解除劳动合同。另外，用人单位有下列情形之一的，劳动者可以解除劳动合同：未按照劳动合同约定提供劳动保护或者劳动条件的；未及时足额支付劳动报酬的；未依法为劳动者缴纳社会保险费的；用人单位的规章制度违反法律、法规的规定，损害劳动者权益的；因《劳动合同法》第二十六条规定的情形致使劳动合同无效的；法律、行政法规规定劳动者可以解除劳动合同的其他情形。

46 劳动者享有的休息权包括哪些内容?

劳动者享有的休息权包括:一是工作日内和工作日间的休息权。二是公休假日权。每周公休假日一般应安排在周六和周日,但企业也可根据工作性质和生产特点实行其他工作和休息办法。三是法定节假日休息权。这些节假日包括元旦、春节、国际劳动节、国庆节以及其他由法律、法规规定的休假节日。四是年休假权。《劳动法》第四十五条规定,劳动者连续工作一年以上的,享受带薪年休假。五是探亲假,是指法定给予家属分居两地的劳动者,在一定时期内(通常是一年)与父母或配偶相聚的假期。六是其他假期,如职工产假、职工婚丧假等。

47 用人单位是否要为劳动者缴纳社会保险费用？

社会保险是一种为丧失劳动能力、暂时失去劳动岗位或因健康原因造成损失的人口提供收入或补偿的社会和经济制度。社会保险的主要项目包括基本养老保险、基本医疗保险、失业保险、工伤保险、生育保险。

社会保险是一种由法律规定的强制保险。用人单位和劳动者都必须参加社会保险。其中基本养老保险、基本医疗保险、失业保险由用人单位和职工按照国家规定共同缴纳费用；工伤保险、生育保险由用人单位按照国家规定缴纳费用，职工不缴纳工伤保险费用和生育保险费用。

48 加班加点工资应怎样计算？

根据《劳动法》的有关规定，有下列情形之一的，用人单位应当按照下列标准支付高于劳动者正常工作时间工资的工资报酬：安排劳动者延长工作时间的，支付不低于工资的百分之一百五十的工资报酬；休息日安排劳动者工作又不能安排补休的，支付不低于工资的百分之二百的工资报酬；法定休假日安排劳动者工作的，支付不低于工资的百分之三百的工资报酬。加班加点工资的计算公式为：

日加班加点工资报酬＝小时工资 × 标准加点小时数 × 加班天数 ×150%

休息日加班加点工资报酬＝小时工资 × 标准加点小时数 × 加班天数 ×200%

法定休假日加班加点工资报酬＝小时工资 × 标准加点小时数 × 加班天数 ×300%

什么是女职工的"四期"保护?

国家对女职工实施特殊劳动保护,禁止用人单位安排女职工从事有害妇女健康的劳动。女职工的"四期"保护是指对妇女生理机能变化过程中的保护,一般指女职工的经期、孕期、产期、哺乳期的保护。这种保护,不仅是对女职工本身,也是对下一代安全和健康的保护。女职工禁止从事的劳动范围包括:矿山井下作业;体力劳动强度分级标准中规定的第四级体力劳动强度的作业;每小时负重6次以上、每次负重超过20千克的作业,或者间断负重、每次负重超过25千克的作业。

50 如何认定职工工伤？

依据《工伤保险条例》第十四条规定，职工有下列情形之一的，应当认定为工伤：在工作时间和工作场所内，因工作原因受到事故伤害的；工作时间前后在工作场所内，从事与工作有关的预备性或者收尾性工作受到事故伤害的；在工作时间和工作场所内，因履行工作职责受到暴力等意外伤害的；患职业病的；因工外出期间，由于工作原因受到伤害或者发生事故下落不明的；在上下班途中，受到非本人主要责任的交通事故或者城市轨道交通、客运轮渡、火车事故伤害的；法律、行政法规规定应当认定为工伤的其他情形。此外，还规定了视同工伤的三种情形和不得认定为工伤或者视同工伤的三种情形。

图书在版编目（CIP）数据

"安康杯"竞赛知识50问 / 任国友主编. —北京：中国工人出版社，2022.4

ISBN 978-7-5008-7911-4

Ⅰ.①安… Ⅱ.①任… Ⅲ.①企业管理—安全生产—劳动竞赛—中国—问题解答 Ⅳ.① X931-44

中国版本图书馆 CIP 数据核字（2022）第 064283 号

"安康杯"竞赛知识50问

出 版 人	董 宽
责 任 编 辑	赵静蕊
责 任 校 对	张 彦
责 任 印 制	栾征宇
出 版 发 行	中国工人出版社
地 址	北京市东城区鼓楼外大街45号　邮编：100120
网 址	http://www.wp-china.com
电 话	（010）62005043（总编室） （010）62005039（印制管理中心） （010）82027810（职工教育分社）
发 行 热 线	（010）82029051　62383056
经 销	各地书店
印 刷	三河市万龙印装有限公司
开 本	787毫米×1092毫米　1/32
印 张	2.25
字 数	30千字
版 次	2022年5月第1版　2022年5月第1次印刷
定 价	12.00元

本书如有破损、缺页、装订错误，请与本社印制管理中心联系更换
版权所有　侵权必究